穿越千年的文化之旅

我们的古代建筑

瓦猫工作室 编著

长江出版传媒　长江文艺出版社　湖北九通电子音像出版社

图书在版编目（CIP）数据

我们的古代建筑 / 瓦猫工作室编著. — 武汉 ： 长江文艺
出版社，2023. 6
（穿越千年的文化之旅）
ISBN 978-7-5702-2572-9

Ⅰ. ①我… Ⅱ. ①瓦… Ⅲ. ①古建筑 – 建筑艺术 – 中
国 – 儿童读物 Ⅳ. ① TU-092.2

中国版本图书馆 CIP 数据核字 (2022) 第 034254 号

我们的古代建筑
（穿越千年的文化之旅）
Women de Gudai Jianzhu
（Chuanyue Qian Nian de Wenhua zhi Lü）

责任编辑：黄海阔　叶丹凤
特约编辑：刘颖超
责任校对：刘慧玲
插图绘制：林汛
设计制作：至象文化

出　　版：长江文艺出版社　湖北九通电子音像出版社
发　　行：湖北九通电子音像出版社
地　　址：武汉市雄楚大街 268 号出版文化城 C 座 19 楼
邮　　编：430070
业务电话：027-87679391
印　　张：3.5
开　　本：787mm×1092mm 1/12
版　　次：2023 年 6 月第 1 版
印　　次：2023 年 6 月第 1 次印刷
印　　刷：湖北新华印务有限公司
书　　号：ISBN 978-7-5702-2572-9
定　　价：30.00 元

目　录

中华文明的重要象征——长城

长城是古代中原王朝为抵御北方游牧民族的侵袭所修筑的城防建筑。其最初是春秋战国时期各个诸侯国修建的国防边界，秦始皇统一六国后，就把之前各诸侯国北部边界的城墙连接起来。万里长城东起山海关，西到嘉峪关，全长五千多千米。我们今天所看到的长城大部分都是明朝修的。

城墙上面有一条很宽的马道，古代可以供兵马行走。

长城每隔一段距离就有一座烽火台。古代通讯系统不发达，当出现敌情时，白天会在台上燃烟，夜晚则明火示意，通过烟火来传达军情信号。

长城沿线的险峻山口或要道都设有关口，这些关口是平时安保和战时御敌的重要驻兵据点。山海关位于河北省秦皇岛市，是一座防御体系比较完整的城关，被誉为"天下第一关"。其中的"老龙头"是明长城东部起点，也是长城的入海口。

扫码看
贴画长城

长城外墙上有一个个向上凸出的部分，叫"垛子"，垛子下的洞可以供弓箭手射箭。

扫码听
烽火戏诸侯

华丽的皇家宫殿——紫禁城

紫禁城是中国明清时期的皇宫，现多称"北京故宫"，是中国现存最大、最完整的古建筑群。明朝刚建立的时候，都城定在应天府（南京），后来燕王朱棣夺得帝位，为了巩固北方疆土，他下令在顺天府（北京）兴建皇宫，把都城迁到了北京。紫禁城的前半部分是帝王上朝议政、举行大典的地方，后半部分是帝王与后妃们生活居住的地方，所以人们用"前朝后寝"来形容北京故宫的布局。

据说当时建造紫禁城的工匠在蝈蝈笼子的启发下，建出了角楼。

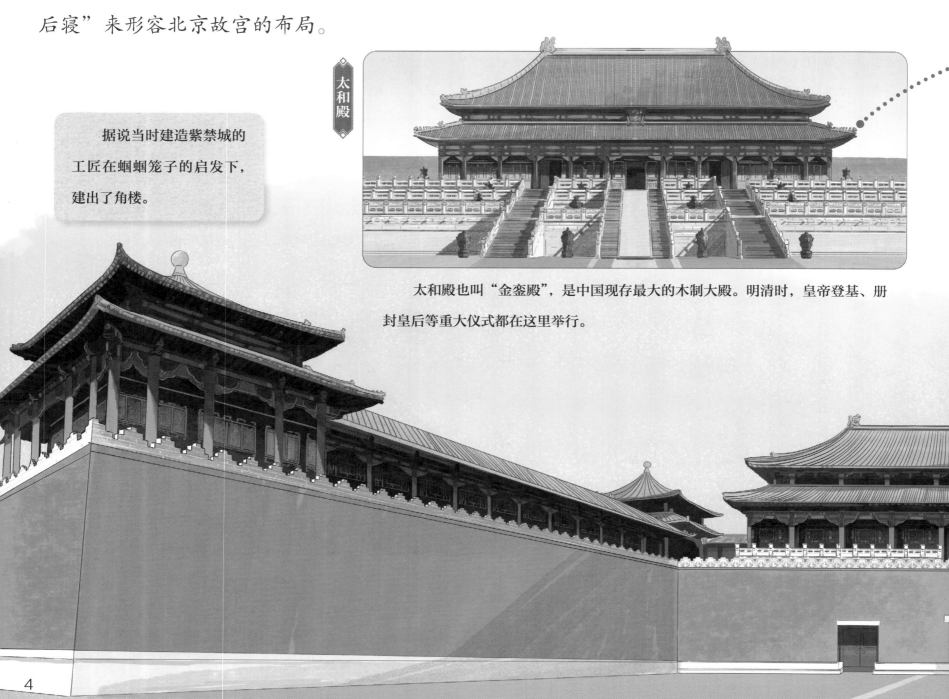

太和殿

太和殿也叫"金銮殿"，是中国现存最大的木制大殿。明清时，皇帝登基、册封皇后等重大仪式都在这里举行。

骑凤仙人

龙

凤

狮子

海马

天马

押鱼

狻猊

獬豸

斗牛

行什

太和殿屋脊上的神兽

我国古代建筑的屋脊上常常装饰着一些神兽，人们认为这些神兽能"护脊消灾"。建筑级别越高，神兽的种类和数量越多，太和殿檐角顶端为骑凤仙人，后面跟了十只神兽："一龙二凤三狮子，海马天马六押（yā）鱼，狻猊（suān ní）獬豸（xiè zhì）九斗牛，最后行什（háng shí）像个猴。"

扫码看

石子画

威严的祭祀建筑——天坛

　　天坛是明清两代皇帝祭天和祈求五谷丰收的地方，比紫禁城还要大很多，是世界上最大的坛庙建筑群。圜（yuán）丘坛在南部，是祭天的地方；祈谷坛在北部，是祈求丰收的地方。因为古代有"天圆地方"的说法，所以天坛的城墙整体南方北圆。

扫码看
天坛轮廓剪纸

　　祈年殿是天坛的主体建筑，是一座三层高的木制楼阁，屋顶覆盖着象征"天"的蓝色琉璃瓦。大殿中央的四根立柱代表一年四季，外围两排的十二根柱子分别代表十二个月和十二时辰，处处展示着中国古代礼制建筑的特有寓意。

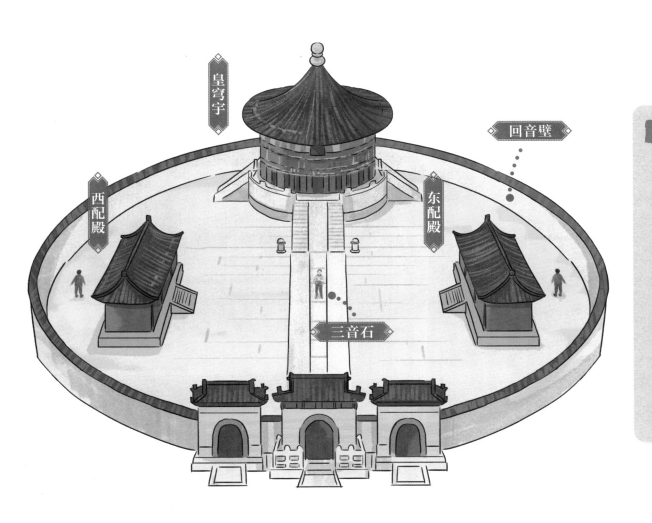

皇穹宇

回音壁

西配殿

东配殿

三音石

奇妙的回音

皇穹宇殿前的第三块石板被称为"三音石"。站在这块石板上击掌一次，就能听到三个回音。

回音壁是一面圆形围墙，墙体坚硬光滑，声波可沿墙内面连续反射，向前传播。若两人分别站在东、西配殿后的回音壁下，面朝北方，其中一人轻声说话，另一方能清晰听到。

神奇的数字——九

古人认为"九"是尊贵的象征，有无限、至极的意思，古代皇帝也被称为"九五之尊"，所以天坛里很多台阶和石板的数量是九或九的倍数。

花甲门

乾隆皇帝在花甲之年（六十岁）为方便自己祭祀行礼出入，命人建了"花甲门"，后来在古稀之年（七十岁）又命人建了"古稀门"。

儒家思想的缩影——曲阜三孔

山东省曲阜市的孔庙、孔府、孔林，统称"三孔"，是中国历代纪念孔子的地方，在中国历史和世界文化中具有显著地位。孔庙是用来祭祀孔子的地方，孔府是孔氏嫡系子孙生活的地方，孔林是孔氏的家族墓地，"三孔"均为世界文化遗产。

孔庙经历代修建，直到明清才完全建成。孔庙像是缩小版的紫禁城，整个建筑沿着南北对称轴左右对称排列。大成殿是孔庙的主体建筑，是祭祀孔子的中心场所。

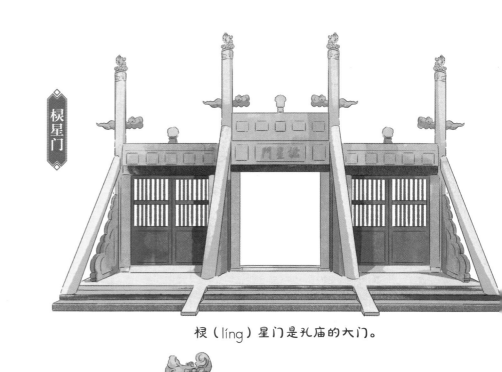

棂星门

棂（líng）星门是孔庙的大门。

大成殿

鲁壁出书的故事　　　绘制小区地图

孔子是谁?

孔子是儒家学派的创始人,被世人尊称为"至圣"。他年轻时,曾周游列国十四年,推行自己的政治主张。晚年,孔子著书立说,修订了"六经"。后来"六经"与《论语》一起,成为儒家经典。

杏坛是什么地方?

相传杏坛是孔子讲学的地方。人们重修孔庙的时候,在孔子经常教书的地方建了一个坛,并在周围种上了杏树,因此叫"杏坛"。现在"杏坛"泛指讲学教书的地方。

六成殿内供奉着孔子塑像,是历代皇帝祭祀孔子的地方。

杏坛

世界屋脊上的明珠——拉萨布达拉宫

　　布达拉宫坐落在西藏拉萨市西北角的玛布日山上，过去曾是政教合一的统治中心，重大的宗教、政治仪式都在此举行。传说这座辉煌的宫殿是松赞干布为迎娶唐朝的文成公主而建。松赞干布建立的吐蕃王朝灭亡之后，布达拉宫大部分建筑毁于战火，直到五世达赖被清政府封为西藏地方政教首领后，才开始重建布达拉宫，以后历代达赖又相继扩建，布达拉宫就成了今天的规模。

红宫是供奉历代达赖喇嘛灵塔及进行各种宗教活动的场所。

白宫是历代达赖喇嘛居住和处理政务的地方。

金顶

布达拉宫的白玛草墙

布达拉宫外墙顶部大多用柽柳树枝叠砌而成，藏语叫作白玛草墙。柽柳因枝干呈红色又叫红柳。将红柳枝去皮晒干，用湿牛皮绳捆成束，再叠砌在宫墙外侧，不仅可以装饰美化墙体，还能减轻墙体重量。

八瓣莲花大威德金刚曼陀罗

布达拉宫不仅有着悠久的历史和独特的建筑风格，还具有极高的艺术价值，宫内珍藏了大量壁画、佛塔、塑像、唐卡等文物。

布达拉宫的"阿嘎"地面

布达拉宫所有建筑的屋顶和地面都是用西藏特有的"阿嘎土"做成的。阿嘎土的主要成分是碳酸钙，具有坚硬、光洁、美观的效果。但是以前的阿嘎土不防雨，现在用的阿嘎土经现代工艺改良后，提高了抗压、抗冻及防水性能。

文成公主像

挂在云中的宫观——武当山古建筑群

　　武当山古建筑群位于湖北省丹江口市，是著名的道教圣地，始建于唐贞观年间，明朝历代皇帝都把武当山作为皇家宫观来修建。这里保留了武当山"崇尚自然"的道家思想，同时按照皇家的高规格建造，是中国建筑史上的经典之作，被誉为"挂在悬崖峭壁上的故宫"。

乌鸦在武当山是吉祥的象征，明朝还专门建了座乌鸦庙，供着乌鸦将军神像。传说真武大帝来武当山修炼时，时常因树林茂密而迷路，这时就有乌鸦在空中为他引路。真武大帝得道升天后，便把乌鸦封为了神鸟。

金殿是黄金做的吗？

武当山金殿位于武当山主峰天柱峰的顶端，金殿内供奉的是真武大帝像。金殿整体为铜铸，外饰鎏金，殿内塑像、器物全部都是铜铸鎏金的。鎏金是将金和水银合成金汞剂，涂在铜器表面，然后加热使水银蒸发，让金子牢固地附在铜器表面。

真武大帝到底长什么样？

据说明成祖朱棣大修武当山时，工匠们都不知道金殿中的真武大帝该按什么样子雕塑。朱棣听说高丽国有一位塑像师傅技艺高超，便召他来武当山塑像。这位师傅面见朱棣后，就按朱棣的样子铸造了真武大帝像，最后得到了朱棣的赞赏。

武当武术是中国武术的一大流派，太极拳、太极剑、太极枪等均属于这一流派。

精致的皇家园林——北京颐和园

颐和园是一座大型皇家园林，位于北京市海淀区，主要由万寿山和昆明湖两部分组成。最初是乾隆为庆祝太后六十大寿而建了清漪园，后来清漪园毁于第二次鸦片战争，之后光绪在原址上重建园林并改名为颐和园。

佛香阁

万寿山

排云殿

排云殿是慈禧太后过生日接受朝拜的地方。

昆明湖

长廊

　　颐和园的长廊在万寿山和昆明湖之间，是我国古典园林中最长的长廊。长廊还是一条五光十色的画廊，廊间的每根枋梁上都绘有彩画，内容丰富，还能看到《西游记》中的重要情节呢！

苏州街

　　苏州街原称"买卖街"，乾隆时期仿江南水乡的风貌而建。街上有各式的玉器古玩店、绸缎店、茶馆、首饰铺等。这些店铺平常不营业，只有皇帝和后妃游颐和园时才开业，店中的店员都是宫女、太监扮演的。

铜牛

　　昆明湖东岸有一只铜牛，神态生动，形似真牛。据说大禹治水时，每治好一处就铸造一只铁牛沉入水底，可防河水泛滥。铜牛就是源自这个典故，为镇压水患而造。

十七孔桥

　　十七孔桥是我国皇家园林中现存最长的桥，因有十七个桥洞而得名。桥头及桥栏望柱上雕有五百多只形态各异的石狮。

古朴的高等学府——白鹿洞书院

　　书院是我国古代传播文化、培养人才、交流学术的重要场所。白鹿洞书院是中国古代极有影响力的书院之一，位于江西省庐山五老峰南麓。白鹿洞书院始建于唐代，是一组楼阁庭院式的建筑，建筑材料多用砖、木、石、瓦，被誉为"天下书院之首"。

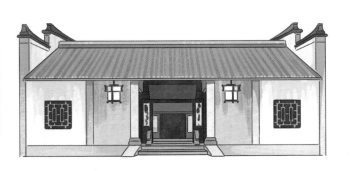

岳麓书院

应天府书院

白鹿洞书院与岳麓书院、应天府书院、嵩（sōng）阳书院并称为"中国古代四大书院"。

嵩阳书院

制作纸杯鹿头

白鹿洞的传说

朱熹是我国古代著名的思想家。南宋前期，朱熹被任命为庐山南麓南康军知军，他看到书院遗址杂草丛生，感到非常惋惜，于是下令修复白鹿洞书院。朱熹不但重新修建院舍，还制定教规、苦心经营，他的教学思想影响了后世几百年。

最早的私家藏书楼——天一阁

  天一阁位于浙江省宁波市，原是明代兵部右侍郎范钦的藏书阁，是我国现存历史最悠久的私家藏书楼。

  范钦特别喜欢收集书，旧书阁的空间不够用了，便想建新书阁。当时有很多书阁因为火灾毁于一旦，因此他在修建书阁时尤其注意防火。新的书阁不仅使用了防火效果更好的砖，还增大了房子之间的距离；楼前建有水池，以便及时取水扑火。因"天一生水"，而水克火，新书阁便取名为"天一阁"。

天一阁是一座双层六开间的书阁，收藏了大量明清时期的刻本、手抄本，不少都仅存一部，极为珍贵。当年乾隆皇帝下旨编纂《四库全书》时，天一阁献出了六百余种珍贵古籍。

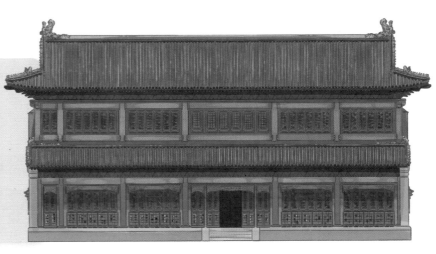

文渊阁

紫禁城里的文渊阁是模仿天一阁建造的，专门用来收藏《四库全书》。

扫码看

自制书签

藏书楼是中国古代用来藏书和阅览图书的建筑。中国最早的藏书建筑建于宫廷，如汉朝的天禄阁、石渠阁。宋朝以后，随着造纸术的普及和纸书的推广，民间也开始建造藏书楼了。

天一阁的藏书为什么能保存至今？

天一阁虽然有两层，但只有楼上才用于藏书，这样可以有效隔离地面的湿气，保证藏书干燥。范氏家族制定了严格的借阅规则以及防火、防虫、防鼠等各项措施，通过遗嘱代代相传地保护着阁内藏书。

宽敞的围合院落——北京四合院

四合院是北京传统民居建筑：一个院子四面都建有房屋，房屋各自独立，彼此之间由游廊连接。北京四合院以其独特的建筑风格和营建方式，成为中国北方四合式民居建筑的典型代表。

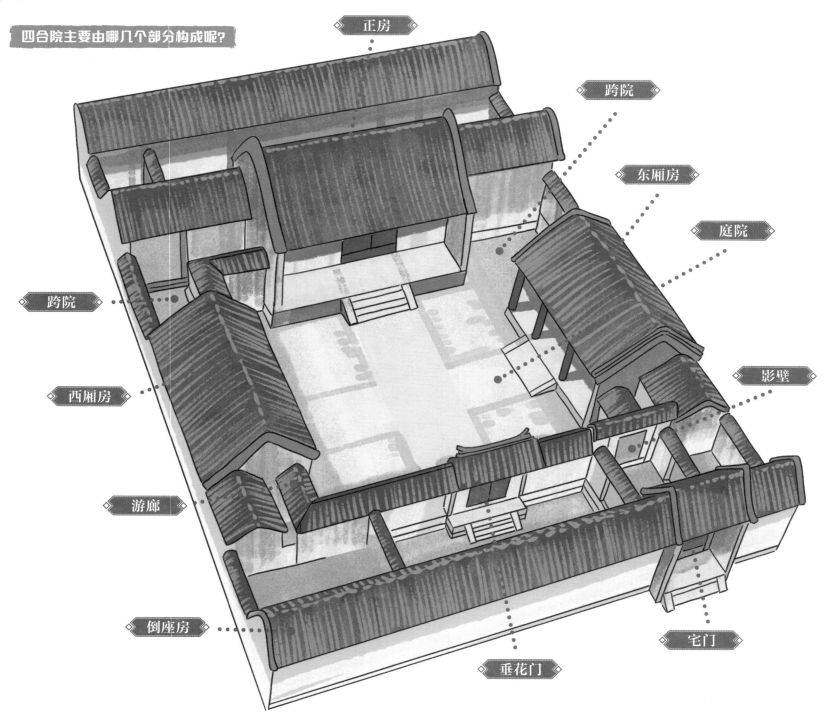

四合院主要由哪几个部分构成呢？

正房

跨院

东厢房

庭院

跨院

影壁

西厢房

游廊

倒座房

宅门

垂花门

四合院中常见的植物有柿子树、海棠树、石榴树、枣树等，包含着事事平安、多子多福的心愿。

四合院的大门分很多等级，古时通过大门就能知道房主身份。根据等级从高到低，四合院中的门可分为王府大门、广亮大门、金柱大门、蛮子门、如意门和小门楼，这个就是普通百姓家常用的如意门。

四合院里的影壁是什么？

影壁也称"照壁"，是四合院中用于遮挡视线、保护宅内隐私的墙壁。影壁的墙身中心区通常用吉祥图案装饰。

自元世祖忽必烈在北京建都起，就开始了大规模的都城建设。当时忽必烈让金中都旧城的居民，特别是有钱的商人和有官职的贵族到大都城内建房，还规定建房者可占地八亩。这一政策，使元朝统治者及贵族大批迁入城内，并建造了许多院落式住宅，一座座整齐的四合院便沿街而生了。

21

古代城池的典范——平遥古城

　　平遥古城位于山西，历史悠久，文物古迹众多，是中国目前保存最为完整的四座古城之一，有"中国古建筑的荟萃和宝库"之称。

平遥古城始建于周宣王时期，由西周大将尹吉甫驻军于此而建。明朝初年，为防御游牧民族侵扰，明政府下令修建了城墙，几年后又在旧墙的基础上重筑扩修，并全面包砖。以后各代皇帝都曾下令修补城墙，更新城楼，增设敌台。当年康熙皇帝西巡路经平遥时，又令人加筑了四面大城楼，使城池更加壮观，就成了现在的模样。

晋商

日升昌的汇票

票号是中国古代的一种金融机构。平遥是晋商的发源地之一，同时也是中国第一家票号的诞生地。随着商人们的生意越做越大，大量现银往来既不方便也不安全，票号可以方便商人将现银换成银票带在身上，并且可以在其他城市兑换现银。平遥西大街一家颜料铺创办了中国第一家票号"日升昌"。当时在"日升昌"的带动下，平遥的票号业发展迅猛，鼎盛时期票号超过二十家，一度成为当时金融业的中心。

平遥三宝

城墙有三千个垛口、七十二座观敌楼，据说象征着孔子三千弟子及七十二贤人。

镇国寺万佛殿内的五代彩塑，是不可多得的雕塑艺术珍品。

双林寺内有两千多尊元代至明代的彩色泥塑，被誉为"彩塑艺术的宝库"。

城墙

镇国寺

双林寺

窑顶四周是拦马墙，用来防止地面雨水灌入院内，也可防止人、畜或杂物掉入院中。

雨水流入井中后渗透到地底深处，防止院子被水淹。

渗井

独特的穴居空间——天井窑院

在河南省三门峡市陕州区，有一种奇特的古民居建筑——天井窑院（也叫地坑院），因其主体建筑在地平线以下，被誉为中国的"地下四合院"。古时生存条件恶劣，生活在黄土高原的先民们发现黄土具有良好的保温性，而且结构紧密，挖凿之后不易坍塌，于是因地制宜，利用土崖挖出了冬暖夏凉的窑洞。天井窑院就是在窑洞的基础上发展而来的。

屋顶可供人们种植庄稼、晒粮食。

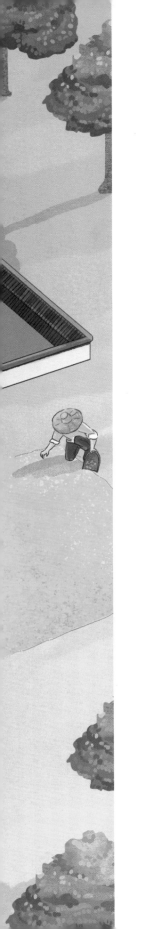

本地人认为黑色可以辟邪，因此将门板和灶台都刷成黑色，甚至窗户上的剪纸也是黑色的。

窑洞里的火炕是用土坯垒成的，可以满足人们做饭排烟、取暖、休息的需求。

窗花剪纸

不是所有窑洞都在地下哟！

窑洞类型有下沉式、靠崖式、独立式，靠崖式窑洞是在靠近山崖或山坡处建造的，独立式窑洞是在地面上建造的。

靠崖式窑洞

独立式窑洞

传统村落的翘楚——皖南古村落（西递、宏村）

安徽省南部有两处保存完好的古村落——西递和宏村，它们是徽派建筑的代表。明清时期，徽商凭借对木材、盐业和茶叶等的苦心经营，称霸商界。产业遍布全国的徽商，积攒了大量的财富、声望和见识。落叶归根以后，徽商在家乡大兴土木，建造住所、祠堂等，造就了独一无二的皖南古村落。远远望去，暗青色的群山下，古村落白墙黑瓦，仿佛一幅雅致的水墨画。

皖南古村落作为典型的徽派建筑，体现着不少令人叹为观止的巧思！

大门

　　大门也叫门头、门脸，往往是装饰重点，因为门头的样式、大小、繁简程度能反映房屋主人的财富状况、价值取向等。

徽派三雕

　　在宏村，大到居所祠堂、园林庙宇，小到笔筒、果盘，随处都能看到精细的雕刻工艺，也就是徽派风格的砖雕、石雕、木雕。雕刻内容多为历史人物、山水花卉、神灵鸟兽等，雕刻风格浑厚朴实、栩栩如生。

天井

　　天井是由四方屋顶合围出的空间。每到下雨的时候，雨水通过回廊流入狭小的天井之中。"水"寓意财富，天井的设计有"肥水不流外人田"的寓意。

砖雕　　　　　石雕

木雕

徽派建筑绘画

"牛形"水系

马头墙

　　马头墙，又叫封火山墙，特指高于两山墙屋面的墙垣，因形状很像高高扬起的马头而得名。那么，人们为什么会建这种墙呢？
　　原来，徽州地区山地多、平地少，可以用来建筑房屋的地方极有限，房子只能紧密相连。一旦一户着火，火势就会迅速连成片，造成极大损失。高出屋顶的山墙能有效防火，还兼具防风、防盗功能。如今高低错落的马头墙已经成为徽派民居的重要特色。

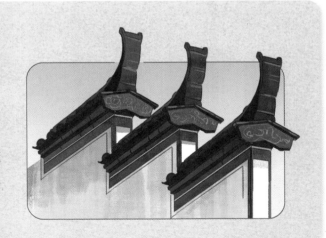

民居建筑的瑰宝——福建土楼

福建土楼是闽派建筑的代表，是在特定历史地理条件下产生的围合式防御性民居建筑。古时战乱频发，大批中原人民向南方迁徙，他们最终选择在山区定居，形成家族聚居的生活方式。为防止野兽侵袭、盗匪侵扰，人们就地取材，以土、木、石、竹等为主要材料，营造了具有防御功能的住所——土楼。福建土楼是中国传统民居的瑰宝，有着极高的科研价值和文化价值。

楼内布局

福建土楼形态各异，有圆形、半圆形、方形等，但最独特之处在于其居住空间是平等均分的，不像其他传统民居建筑有明显的尊卑区分。土楼的一层一般是厨房和客厅，二层设仓库，三层及以上为卧室，虽然每户居民的居住空间朝向不同，但从下到上均为大小、形状基本相同的开间。

防卫系统

土楼的一层不开窗，二层以上开小窗，既能让墙体更加稳固，也能防止盗匪翻窗。小窗是外小内大的形式，方便楼内的居民在遇敌时向外观察和进行攻击，同时也便于保护自身安全。

土楼中的小机关

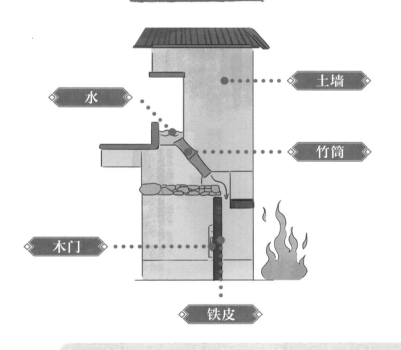

土墙

水

竹筒

木门

铁皮

防火系统

土楼的大门用铁皮包裹，不仅提高了强度，也使得其短时间内不会被火烧毁；二层内侧墙壁留有灌水孔，一旦门外起火可以朝竹筒中灌水来灭火。

传声系统

每户的墙脚处都有一个不起眼的小洞，小洞内通道曲折，从外面看不到里面，但声音可以传入。如果有人外出归来可以冲着洞口向里面喊话，就像"按门铃"一样，让家里人帮忙开门。

传声洞

屹立千年的石桥——安济桥（赵州桥）

  安济桥又叫"赵州桥"，位于河北省赵县洨（xiáo）河之上，由隋朝匠师李春设计建造。这座桥全部由石头砌成，桥下没有桥墩，只有一个大桥洞和四个小桥洞。安济桥能够屹立千年不倒的奥秘，在于它"拱上加拱"的结构。它体现了我国古代劳动人民的智慧和才干，是我国宝贵的历史文化遗产。如今，安济桥已经成为世界上现存最早的完整石拱桥。

安济桥"拱上加拱"的设计有什么作用呢?

洪水来临时,河水可以从四个小桥洞流过,这样的设计,既减轻了流水对桥的冲击力,使得桥不易被冲垮,又减轻了桥的重量,节省了石料。

桥面两侧有石栏,栏板上雕刻着精美的图案。

扫码看
彩泥捏桥

关于桥的古诗名句

· 朱雀桥边野草花,乌衣巷口夕阳斜。

[唐] 刘禹锡《乌衣巷》

· 鸡声茅店月,人迹板桥霜。

[唐] 温庭筠《商山早行》

你还知道哪些带有"桥"字的诗句?

中国历史上的"四大古桥"

我国的"四大古桥"中除了赵州桥外,还有哪三座桥呢?

◇ 卢沟桥 ◇

◇ 广济桥 ◇

◇ 洛阳桥 ◇

鱼嘴

飞沙堰

宝瓶口

水利工程的奇迹——都江堰

都江堰位于岷江上游，最早由战国时期的李冰主持修建，是世界范围内唯一一座至今仍在使用的无坝引水水利工程。它集中体现了我国古代在水利工程建造及流体力学方面的成就，对成都平原农业经济的发展起到了重要作用。2000年，都江堰被列入《世界文化遗产名录》。

自制沙画

卧铁是埋在内江的淘滩标准，也是内江每年维护清淘河床深浅的参照物。每年枯水季节清理河床淤泥的时候，要清理到卧铁的位置。

因为古代科学技术不发达，人们以为发洪水是由于"水精"在作怪。传说犀牛有避水神力，李冰为了让百姓安心，命人将五块"水则"（用于测量水位高低的标尺）刻成犀牛形状。

诸葛亮为管理好都江堰，专设了堰官，主管堤堰维修、河道疏浚，促进了成都平原农业的发展。

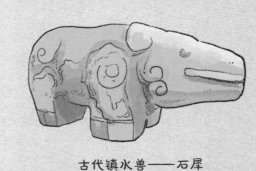
古代镇水兽——石犀

李冰修建都江堰

百姓们为了纪念李冰和他的儿子，在都江堰的渠首修建了二王庙。每到清明时节，百姓们都会到庙里祭祀，每年的维护工作做完后，也会到庙里举行放水典礼，以纪念李冰父子的功绩。

木质楼阁的奇观——应县木塔

　　应县木塔又叫应县佛宫寺释迦塔,位于山西省应县。释迦塔建于辽代,据说是萧太后为保国运昌盛命人建造的,因为当时应县地处辽宋边界,这座塔还被用来探察敌情。全塔为木质结构,没有用一颗钉子,是中国现存最高、最古老的一座木构塔式建筑,与意大利比萨斜塔、巴黎埃菲尔铁塔并称为"世界三大奇塔"。

你知道吗?

由于木材容易腐朽，且容易被烧毁，后来人们逐渐改用砖石建塔。现存整体由木头建造的塔只有应县木塔。

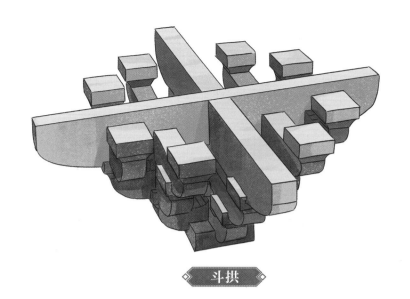

斗拱

木塔屹立千年不倒的秘密

斗拱是由多个小型木块拼接而成的建筑构件。应县木塔用了很多斗拱，是我国古代建筑中使用斗拱最多的塔。面对地震、炮击等灾难时，斗拱可以缓冲外来的巨大能量，减少震动对建筑的破坏。

随着时代的变迁，应县木塔局部出现了严重倾斜，目前游客只能参观第一层。为了使这座塔能长久地保存下去，专家们一直在研究保护方式。

木塔上的牌匾

木塔建成后，引得许多文人雅士前来观赏，留下了许多赞扬木塔的牌匾。这些牌匾不仅是历代修缮木塔的见证，也体现了古代精湛的书法艺术。

凌空的建筑智慧——悬空寺

悬空寺位于山西省大同市，最初建于北魏。当时，孝文帝下令将道教天师道场转移到恒山，并按照天师道长的遗训建一座空中寺院，希望可以远离世间烦恼，更加接近天上的神仙。

古人是怎样在悬崖上建造悬空寺的呢？

相传，当年建悬空寺的工匠中，有一位姓张的巧匠经验十分丰富。他带领大家在山下把要用的木材加工好，然后把它们搬运到山顶，再用绳索把工人和木材吊在半空，指挥工人在崖上凿洞插梁，把这些木材拼成一个个单独的建筑，拼完所有建筑后再用栈道连接，这样就建成了悬空寺。

悬空寺是我国现存唯一的道、佛、儒三教合一的寺庙。孝文帝一生大力推行汉化政策，极大地促进了民族大融合，宗教信仰相互渗透，便出现了"三教合一"的宗教思想。悬空寺最高处的三教殿中，供奉着老子、释迦牟尼和孔子。

据说唐代诗人李白游历到此，在悬空寺下的岩石上留下"壮观"二字，后来又在"壮"字旁边加了一点，用来强调悬空寺的雄伟。

恒山地区流传着一首关于悬空寺的歌谣："悬空寺，半天高，三根马尾空中吊。"

"马尾"是指连接楼阁栈道和岩石的红色木头。这些木头总共有三十根，分别安置在楼阁和栈道下面。看上去悬空寺似乎就是靠这些木头支撑在悬崖上的，其实悬空寺的楼阁和栈道下都埋有横梁，这些横梁也起着至关重要的作用。